# BEI GRIN MACHT SICH IHR
# WISSEN BEZAHLT

- Wir veröffentlichen Ihre Hausarbeit,
  Bachelor- und Masterarbeit

- Ihr eigenes eBook und Buch -
  weltweit in allen wichtigen Shops

- Verdienen Sie an jedem Verkauf

## Jetzt bei www.GRIN.com hochladen
## und kostenlos publizieren

Benjamin Küster

# Beispiele für Landschaftszerstörung durch den Menschen

GRIN Verlag

**Bibliografische Information der Deutschen Nationalbibliothek:**

Die Deutsche Bibliothek verzeichnet diese Publikation in der Deutschen National-
bibliografie; detaillierte bibliografische Daten sind im Internet über http://dnb.d-
nb.de/ abrufbar.

**Impressum:**

Copyright © 2009 GRIN Verlag GmbH
Druck und Bindung: Books on Demand GmbH, Norderstedt Germany
ISBN: 978-3-640-83898-1

**Dieses Buch bei GRIN:**

http://www.grin.com/de/e-book/167515/beispiele-fuer-landschaftszerstoerung-
durch-den-menschen

**GRIN - Your knowledge has value**

Der GRIN Verlag publiziert seit 1998 wissenschaftliche Arbeiten von Studenten, Hochschullehrern und anderen Akademikern als eBook und gedrucktes Buch. Die Verlagswebsite www.grin.com ist die ideale Plattform zur Veröffentlichung von Hausarbeiten, Abschlussarbeiten, wissenschaftlichen Aufsätzen, Dissertationen und Fachbüchern.

**Besuchen Sie uns im Internet:**

http://www.grin.com/

http://www.facebook.com/grincom

http://www.twitter.com/grin_com

Philipps-Universität Marburg

Fachbereich Geographie

OS Ausgewählte Themen der Quartärforschung und der Geoarchäologie

# Beispiele für Landschaftszerstörung

# durch den Menschen

Benjamin Küster

Sommersemester 2006

Datum: 30.06.2009

# Gliederung:

# 1. Einleitung

In welchem Ausmaß beeinflusste der Mensch in der Vergangenheit die Landschaften und Böden der Erde? Ist der Mensch für die erdweite Zerstörung der Landschaft durch Bodenerosion verantwortlich? Welchen Einfluss und welche Auswirkung haben unterschiedliche Landnutzungssysteme auf die Entwicklung der Landschaften? Sind stärkere und häufiger auftretende Witterungsereignisse für den Anstieg der Bodenzerstörung in den vergangenen Jahrzehnten verantwortlich?

Diese und weitere Fragen stellen sich, wenn man einmal die vielen Umweltprobleme unserer Erde in Betracht zieht, wobei in dieser Arbeit vor allem die Degradation der Landschaften durch menschliche Einflüsse im Vordergrund stehen soll.

Die Ursache für die unterschiedlich geprägten Landschaftsbilder, welche die Natur der Welt aufweist, könnte in den Prozessen liegen, durch die sie geformt werden. Ähnliche Merkmale eines Raumes werden in unterschiedlicher Art und Weise, Zeit und Intensität verändert, sodass die dabei entstehenden Formen und Strukturen trotz derselben Ausgangsbedingungen nicht identisch sind.

Die vorliegende Arbeit versucht Einblicke zu geben, inwieweit menschliches Handeln Auswirkungen auf verschiedenartige Landschaften hat und im schlimmsten Fall zu deren Zerstörung führen kann. Dabei soll anhand einiger Beispiele wie der ackerbaulichen Nutzung der nordamerikanischen Lösslandschaft des Palouse, der Landschaftszerstörung auf der Robinson-Crusoe-Insel, der gartenbaulichen Nutzung des nordchinesischen Lössplateaus und dem frühen Gartenbau der Rapanui auf der Osterinsel, die Veränderung und Zerstörung der Landschaften der Erde durch nachhaltige und nichtnachhaltige Bodennutzung durch den Menschen dargestellt werden.

Zur Untersuchung der einzelnen Standorte und zur Rekonstruktion dient eine Methodenfolge, die als Landschaftssystemanalyse bezeichnet wird und bis heute an einigen Tausend Standorten erfolgreich angewendet wurde.

# 2. Die Landschaftssystemanalyse

Die Landschaftssystemanalyse, eine aus vielen geschätzten und bewährten, fortwährend geordneten Methoden existierende historische Landschaftsanalyse und

Landschaftsentwicklung, analysiert die Entwicklung von Landschaften unter dem Einfluss des Menschen und umfasst die folgenden zehn Arbeitsschritte (siehe Abb. 1). Ist die erfolgreiche Umsetzung einer dieser Schritte nicht möglich, muss der ihm vorstehende Schritt erneut ausgeführt werden. Stellt sich beispielsweise bei der Prüfung der getroffenen Gebietsauswahl durch Probebohrungen heraus, dass die gewählten Areale ungeeignet sind, ist eine Auswahl von geeigneteren Untersuchungsgebieten mit umfassenden Informationsmöglichkeiten zu ihrer landschaftlichen Entwicklung nötig.

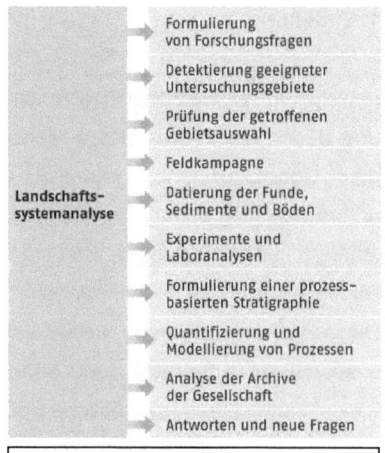

**Abb. 1:**
Schritte der Landschaftssystemanalyse
(Quelle: BORK 2006, S. 18)

Am Anfang der Landschaftssystemanalyse müssen Forschungsfragen, die den Beginn eines wissenschaftlichen Erkenntnisstandes bedeuten und im Idealfall am Ende der Untersuchung als beantwortet gelten oder durch das Ergebnis widerlegt werden, formuliert werden. Forschungsfragen können beispielsweise den Effekt von Landnutzungssystemen auf die Bodenoberfläche, die Prozesse der Pedogenese einschließlich der Veränderung von Bodenhorizonten und der Abfolge der Bodenprofile, sowie die Zerstörung der Böden betreffen (vgl. BORK 2006, S. 18).

Der zweite Schritt der Methode beinhaltet die Detektierung geeigneter Landschaftsausschnitte mit umfangreichen Informationsmöglichkeiten zu ihrer landschaftlichen Entwicklung. Eine wichtige Rolle spielen dabei möglichst vielschichtige Geo-Bio-Archive, „...die eine außergewöhnlich detaillierte, qualitative und quantitative Rekonstruktion der Landnutzungsgeschichte und des klimatischen Wandels seit dem Beginn des Ackerbaus gestatten" (BORK 2006, S. 18). Vor der Festlegung des Untersuchungsgebietes ist die Wahrnehmung und Anwendung existierender topographischer, geologischer und bodenkundlicher Karten, die einen Überblick über das betroffene Gebiet geben, ratsam. Diese Maßnahme wird oft noch durch das Einholen von Luftbildern, sowie Befragungen von ansässigen Experten und Bewohnern ergänzt. Außerdem ist eine genaue Kenntnis von möglicherweise im Gelände existierenden Rohrleitungsnetzen und Drainagesystemen ebenso unerlässlich, wie die Einholung einer Grabungsgenehmigung (vgl. BORK 2006, S. 18).

4

Schritt drei umfasst die Prüfung der getroffenen Gebietsauswahl. An eine Standortbegehung schließt sich eine erste Überprüfung des Gebietes mit Hilfe von kleinen Bodenschürfen und Pürckhauer-Schlagsonden, mit welchen sich Bodenproben aus dem oberflächennahen Grund entnehmen und Bodentypen, sowie der Nährstoffhaushalt bestimmen lassen, an. Des Weiteren gibt die genauere Aufnahme der Boden-Sedimentfolgen durch Aufschlüsse und Bohrungen erste Erkenntnisse zur Rekonstruktion möglicher Umlagerungsprozesse und unmittelbare menschliche Eingriffe und mittelbare Einflüsse können frühzeitig entdeckt werden (vgl. BORK 2006, S. 18).

Nachdem für die Landschaftssystemanalyse ein geeignetes Untersuchungsgebiet festgelegt wurde, wird in Schritt vier eine ausführliche Feldkampagne eröffnet. Dabei wird zuerst versucht mit einem Bodenradargerät geologische und archäologische Strukturen aber auch erkennbare Bodenhorizonte, Kolluvien, Auen- und Schwemmfächersedimente zu bestimmen. Daran schließt sich die Anlegung größerer Aufschlüsse an, um eine Quantifizierung von Prozessen zu ermöglichen. Anschließend folgt eine Dokumentation mit Hilfe maßstabsgerechter Zeichnungen und Fotografien der Befunde, sowie eine vorläufige Formulierung einer Annahme zur relativen prozessbasierten Landschaftsentwicklung für jeden Aufschluss, für die Landschaftsausschnitte und gegebenenfalls auch für die Regionen (Räumliche und zeitliche Abfolge der ermittelten Umlagerungs- und Bodenbildungsprozesse, der Witterungseinflüsse und der menschlichen Eingriffe und Einflüsse). Zum Ende der Feldaufnahme werden für die labortechnische Analyse physikalischer und geochemischer Eigenschaften von den Bodenhorizonten und Sedimenten Material und Proben entnommen (vgl. BORK 2006, S. 19-20).

Im folgenden Schritt in dem es um die Datierung der vom Menschen erzeugten Strukturen sowie der bodenbildenden und bodenverlagernden Prozesse geht, wird mit indirekten und direkten Datierungsmethoden versucht das Alter der Böden und Sedimente festzustellen. Indirekte Methoden bestimmen mit der Radiokohlenstoffmethode organische Reste wie beispielsweise Holzkohle oder mit der Thermolumineszenz-Methode archäologische Funde wie Keramikfragmente die mit dem Sediment abgelagert wurden. Die direkte Methode versucht mit der Optisch-Stimulierten-Lumineszenz-Methode den Zeitpunkt der letzten Belichtung und damit der Einbettung eines Mineralkorns in ein Sediment festzustellen (LANG 1996, zit. nach BORK 2006, S. 20).

Im sechsten Schritt der Landschaftssystemanalyse werden die entnommenen Bodenproben zur Bestimmung der Eigenschaften von Kulturrelikten, Sedimenten und Böden im Labor mit Hilfe von Experimenten, Simulationsprozessen und Messungen analysiert, um so Rückschlüsse auf die Landschaftsentwicklung der Vergangenheit zu gewinnen und mögliche Erosionsprozesse, die auf den Boden eingewirkt haben, herauszufinden (vgl. BORK 2006, S. 20).

Schritt sieben beinhaltet die Formulierung einer prozessbasierten Stratigraphie. Dies bedeutet die Ableitung einer absoluten prozessbasierten Landschaftsentwicklung unter Berücksichtigung der Altersbestimmungen des Arbeitsschrittes 5 sowie der physikalischen, chemischen und biotischen Labordaten (vgl. BORK 2006, S. 20).

Im achten Schritt geht es um die Berechnung und Prüfung der Ausmaße menschlich bedingter Bodenverlagerungen, wie sie beispielsweise durch den Einsatz von Ackergräten auftreten können. „Die bekannten rezente Wirkungen infolge von Witterungsereignissen und Landnutzungssystemen auf die Wasser- und Stoffhaushalte sowie das Ausmaß der Bodenerosion und damit Veränderungen der Oberflächenformen können mit mathematischen Modellen (…) quantifiziert werden" (BORK 2006, S. 22). Wenn eine Rekonstruktion der Landschaftsgeschichte durch räumlich und zeitlich genaue Daten möglich ist, lässt sich eine quantitative Schilderung vergangener Prozesse einschließlich derer Folgen durchführen (vgl. BORK 2006, S. 22).

Der neunte Schritt umfasst die Analyse von Schriftquellen, Illustrationen und Karten, insbesondere zur Identifikation von Relief- und Landnutzungsstrukturen, ganzen Landnutzungssystemen und von ausgeprägten Witterungsereignissen in vergangenen Jahrhunderten.

Im zehnten und letzten Schritt der Landschaftssystemanalyse werden alle Ergebnisse und Informationen zu einer raumzeitlichen Synthese zusammengeführt und bewertet. Des Weiteren wird noch einmal Bezug auf die zu Beginn formulierten Forschungsfragen genommen. Können diese durch die festgestellten Ergebnisse nur unzureichend geklärt werden, ist eine Fortsetzung der Forschungsarbeiten in den Geo-Bio-Archiven der Nachbargebiete möglich. Liefern die neuen Erkenntnisse ausreichende Informationen zur Beantwortung der Forschungsfragen ergeben sich häufig neue Fragen, die mit weiterführenden Forschungen verbunden sind (vgl. BORK 2006, S. 22).

# 3. Landnutzung vom Mesolithikum bis in die Moderne

Unter Landnutzung versteht man die Art der Inanspruchnahme von Böden und Landflächen durch den Menschen, wobei sowohl unterschiedliche Arten von Landnutzung, wie beispielsweise Agrartechniken, Fruchtfolgen oder der Anbau einer bestimmten Fruchtsorte als auch verschiedene Intensitäten der Landnutzung existieren. Die Wirkungsstärken der Nutzung auf die Böden und Landschaft reichen von einer intensiven Landnutzung, die durch eine Bewässerung und Düngung der meist angebauten Monokulturen zu einer Steigerung des Bodenertrages führen soll, über eine extensive Landnutzung, bei der nur geringe Eingriffe des Menschen in den Naturhaushalt stattfinden und die standortgerechte Vegetation größtenteils erhalten bleibt, bis hin zu einer nachhaltigen Landnutzung wobei die Landschaften und die Artenvielfalt auch für nachfolgende Generationen erhalten bleibt.

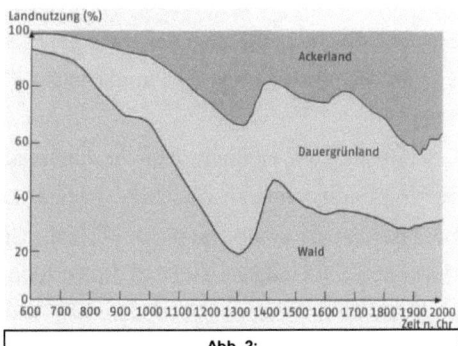

**Abb. 2:**
Landnutzung in Deutschland seit der Völkerwanderungszeit
(Quelle: BORK 2006, S. 167) (Daten: BORK et al. 1998)

Zu welchen Veränderungen der Landnutzung, die zu unterschiedlichen Auswirkungen auf die Landschaft durch den Menschen führen, kommt es nun aber im Zeitraum vom Mesolithikum bis zur Moderne (siehe Abb. 2)?

In der mittleren Steinzeit leben die Menschen in kleineren Gruppen als Jäger und Sammler, passen ihre Lebens- und Wirtschaftsweisen an das Angebot der natürlichen Ressourcen an und haben somit nur geringen Einfluss auf die Landschaften Mitteleuropas (vgl. BORK 2006, S. 162-163).

Mit Beginn des Neolithikums kommt es zu einem Wechsel vom frühen Jäger- und Sammlertum zur Entwicklung des Ackerbaus und der Tierhaltung, wodurch das Sesshaftwerden der Menschen eingeleitet wird. Diese neue, von einigen Archäologen als „neolitische Revolution" bezeichnete, Wirtschaftsweise, wie das Anlegen ackerbaulicher Kulturen und die Haustierhaltung, änderte nicht nur die Lebensweise der Menschen, sondern hatte auch Auswirkungen auf die Tier- und Pflanzenwelt. So führen im Mittelneolithikum neue Siedlungsformen, der Bedarf an

Platz für den Getreideanbau und an Holz für den Bau von Unterkünften, zum Kochen und Heizen zu einer ersten Lichtung der Wälder. (vgl. KÜSTER 1995, S. 73 & BORK 2006, S. 163-164).

In der Bronzezeit und der Eisenzeit führt die Entdeckung des Metalls zu einer Erhöhung des Kupfer-, Zinn- und Brennholzbedarfes für die Metallverarbeitung. Durch den nun möglichen Einsatz des Pfluges kommt es in der Landwirtschaft zu einer effektiveren Bodenbearbeitung und zum Anbau neuer Fruchtsorten, wie Rispenhirse und Ackerbohne. Da der Wasserspiegel vieler Seen und Flüsse sinkt, werden die nun trocken gefallenen, neuen Gebiete zusätzlich als Weideland, Siedlungsflächen oder zum Ackerbau genutzt, was somit zu einem erneut steigenden Eingriff des Menschen in die Landschaften der Erde führt (vgl. KÜSTER 1995, S. 116-119).

Die Zeit bis zum Frühmittelalter ist durch zahlreiche aufkommende Krankheiten wie der Pest oder anderen Seuchen geprägt. Diese Tatsache führt zu einer enormen Bevölkerungsabnahme, wodurch in vielen Gebieten der Erde eine Ausdehnung des Waldbestandes möglich wird (vgl. BORK 2006, S. 165-166).

Im Früh- und Hochmittelalter beenden eine klimatisch begünstigte Landnutzung, neue durch die Menschen entwickelte Landnutzungssysteme mit unterschiedlichen Fruchtfolgen und Anbautechniken, wie die Anlage streifenförmiger Äcker, die mit einem die Scholle wendenden Beetpflug bearbeitet werden sowie die Intensivierung der Waldnutzung die Phase der Waldausdehnung. (vgl. KÜSTER 1995, S. 181). Im Spätmittelalter führen extreme Witterungsereignisse, erneut auftretende Pestepidemien und Hungersnöte zu einer starken Bevölkerungsdezimierung. Dies hat zur Folge, dass viele ehemals von Menschen genutzte Landschaften wüst fallen und die Wälder sich wieder ungehindert ausdehnen können (BORK et al. 1998, S. 160 f. zit. nach BORK 2006, S. 166).

In der Frühneuzeit kommt es neben einer Zunahme des Umfanges an Kulturpflanzen und infolge des aufkommenden Holzbedarfes für Glashütten, Ziegeleien, Salinen, den Holzexport und durch die sich weiterentwickelnde Landwirtschaft zur Rodung eines immensen Teil des Waldbestandes, sodass nur noch 30% der Landschaft von einer Waldvegetation bedeckt wird (vgl. KÜSTER 1995, S. 279 & BORK 2006, S. 166).

Die Landnutzung der Moderne zeichnet sich besonders dadurch aus, dass auch Gebiete mit recht unfruchtbaren Böden wie Ödland oder Heide landwirtschaftlich genutzt werden. Des Weiteren ist zu verzeichnen, dass bis zur Mitte des 20.

Jahrhunderts durch den Einsatz neuartiger Düngemethoden auf den Böden die Ernteerträge stark angestiegen sind (vgl. BORK 2006, S. 167).

Abschließend lässt sich zur Landnutzung feststellen, dass viele Landschaftsformen der Erde aufgrund menschlicher Einflussnahme zustande gekommen sind und stark von der Entwicklung neuer Methoden des Anbaus und Techniken der Bodenbearbeitung abhängen.

## 4. Veränderung und Zerstörung der Landschaften der Erde durch Landnutzung

Die Landschaften der Erde sind an vielen Orten von Veränderungen und Zerstörungen der Bodenoberfläche und der oberen Bodenschichten geprägt. Dabei spielen verschiedene Einflussfaktoren, wie Klima- und Witterungserscheinungen, Substrat- und Bodeneigenschaften, das Relief und der Grad der Bodenbedeckung durch Vegetation oder Mulch eine wichtige Rolle. Von besonderer Bedeutung ist auch der Einfluss des Menschen auf die Landschaft, da die Tätigkeit des Menschen, beispielsweise durch die Entfernung der bodenschützenden Vegetation oder der Überweidung durch Tiere, zu einer verstärkten Bodenerosion, Bodendegradation bis hin zu einer völligen Devastierung der Landschaft führen kann.

Beispiele für menschliche Landnutzungen und ihre Auswirkungen auf die Landschaften sollen in diesem Kapitel anhand verschiedener Regionen der Erde, wie der nordwestamerikanischen Lösslandschaft des Palouse, der Robinson-Crusoe-Insel, der Osterinsel und dem nordchinesischem Lössplateau in diesem Kapitel dargestellt werden.

### 4.1 Nicht nachhaltige Landnutzung und ihre Auswirkungen

Eine nicht nachhaltige Landnutzung und ihre Wirkungen auf die Böden der Erde soll exemplarisch zum einen an der Lösslandschaft des Palouse im pazifischen Nordwesten der USA und zum anderen an den Landschaftszerstörungen der Robinson-Crusoe-Insel im Archipel Juan Fernandez aufgezeigt werden. Des Weiteren soll deutlich gemacht werden, dass nicht nachhaltige und an die Landschaft unangepasste Praktiken der Landnutzung zu einer starken Degradation der Böden führen können.

## 4.1.1 Die nordwestamerikanische Lösslandschaft des Palouse

Das Palouse, eine im nordwestlichen Teil der USA gelegene Region setzt sich aus Teilen des östlichen Washington, des nördlichen Idaho und des nordöstlichen Oregon zusammen und gehört zu den größten und bedeutendsten Weizenanbaugebieten der Vereinigten Staaten. Die Region, die traditionell als das Gebiet der fruchtbaren Hügel und Prärien nördlich des Snake Rivers bezeichnet wird, zeichnet sich gegen Ende des 19. Jahrhunderts größtenteils durch einen etwa 40 cm mächtigen humosen Oberboden und bis zu 2 m tief entkalkte, verbraunte und lessivierte Böden, die sich bis ins 19. Jahrhundert entwickeln, aus (vgl. BORK 2006, S. 56).

Nachdem die ersten Siedler aus Europa die Langgrassteppen und Wäldern des Palouse im 19. Jahrhundert vorwiegend zur Rinder- und Schafhaltung nutzen, wird gegen Ende des Jahrhunderts die hohe Fruchtbarkeit der mächtigen Lössböden entdeckt und durch die erstmals landwirtschaftliche Tätigkeit erlebt die Region einen starken Aufschwung. Die frühe landwirtschaftliche Nutzung, bei der ohne Bewässerung großteils Winterweizen aber auch Sommerweizen, Sommergerste, Erbsen und Linsen angebaut werden, beschränkt sich auf die Auen sowie die gering abfallenden Unterhänge der fruchtbaren, hügeligen Lösslandschaft (GELDMACHER 2002, zit. nach BORK 2006, S. 57). Daher zeichnet sich diese Phase der Landnutzung, die trotz der Verwendung von Zugtieren sehr arbeitsaufwändig ist, auch nur in geringem Maß durch Bodenerosionen auf den Feldern aus (vgl. BORK 2006, S. 56-57).

Ein flächendeckender Ackerbau, bei dem selbst Hänge mit Neigungen von mehr als 30% genutzt wurden, wird erst durch den Einsatz von Zugmaschinen, wie Traktoren und Mähdreschern, im Laufe der beginnenden Mechanisierung in den 1930er Jahren möglich. Aufgrund des schlechten Wasserhaltevermögens der steilen Hänge wird eine Zweifelderwirtschaft, bei der bestimmte Standorte nur jedes zweite Jahr ackerbaulich genutzt und im Brachejahr durch häufiges Pflügen vegetationsfrei gehalten werden, eingeführt (GELDMACHER 2002, zit. nach BORK 2006, S. 20).

Die Bearbeitung und der Umbruch des Graslandes bleiben jedoch nicht lange ohne Folgen, da Abflüsse von Schneeschmelzen und sommerlichen Gewittern besonders in den steileren, zur Verschlämmung neigenden, vegetationsfreien Gebieten zum

Einriss von Erosionsrillen (siehe Abb.3) und auf einigen Hängen zur Erodierung von mehr als 100 Tonnen Boden pro Hektar und Jahr führen. Um zu vermeiden, dass diese Rillen sich bei Starkniederschlägen in tiefere Schluchten und zu irreversiblen Landschaftsschäden verwandeln, werden sie nach jedem Niederschlagsereignis durch die Bauern mit dem Pflug oder dem Grubber bearbeitet und geschliffen. In den folgenden Jahren werden einige steilere Regionen auf diese Weise viele hundertmal gepflügt. Dies führt dazu, dass sich die Bodenpartikel aufgrund der bei Pflügen auftretenden gravitativen Kräfte in beträchtlichem Umfang von den Kuppen hangabwärts bewegen. Die fruchtbaren Schwarzerden werden auf diese Art oft

**Abb. 3:**
Bodenerosion in einem Kornfeld in den USA.
(Quelle:
WWW.ARS.USDA.GOVISGRAPHICSPHO TOSK5951-1.HTM.JPG)

komplett fortgepflügt und der nun vorhandene kalkhaltige, mit geringem Wasserhaltevermögen ausgestattete Löss sorgt für schlechtere Ernteerträge. Die zusätzliche Erosion durch Wasser transportiert einen nicht zu vernachlässigen Teil des Bodens der steileren Mittelhänge und lagert ihn auf den Unterhängen als Kolluvien ab (vgl. BORK 2006, S. 170).

So führt der über mehrere Jahrzehnte praktizierte Ackerbau, anlässlich auftretender Bodenerosion und durch Bodenbearbeitung ausgelöste Bodenverlagerungen zu einer Erhöhung der Heterogenität der Böden und einer Erniedrigung der Ernterträge in vielen Gebieten des Palouse. Einige Landschaften haben ihre 1930 noch vorhandene fruchtbare aus Schwarzerden bestehende Bodendecke und mittlerweile sogar ihre geringmächtige Lössdecke vollständig eingebüßt. An diesen wüst gefallenen Gebieten existieren heute Basalte und das Palouse hat seit dem Beginn des intensiven und flächendeckenden Ackerbaus in den 1930er Jahren einen immensen Anteil seiner Ackerfläche dauerhaft verloren (vgl. BORK 2006, S. 170).

### 4.1.2 Die Landschaftszerstörung der Robinson-Crusoe-Insel

Die mit etwa 47,9 km$^2$ größte und bedeutendste Insel des zu Chile gehörenden Archipels der Juan-Fernández-Inseln liegt im östlichen Pazifik etwa 700 km westlich von der südamerikanischen Küste entfernt. Bis 1966 trägt sie den Namen „Isla Más a Tierra", was soviel wie „Näher am Land" bedeutet. Im selben Jahr erhält sie von der chilenischen Regierung in Anlehnung an den schottischen Seemann Alexander Selkirk, der nachdem er 1704 auf der Insel ausgesetzt wurde und völlig auf sich alleingestellt vier Jahre und vier Monate leben musst und durch den Roman von Daniel Defoe als Robinson Crusoe bekannt wurde, den spanischen Namen „Isla Robinsón Crusoe" (vgl. BORK 2006, S. 70-73).

Das Landschaftsbild der Insel ist durch vulkanische Tätigkeit und Erosion in der Vergangenheit recht gebirgig und zeichnet sich durch vegetationsreiche, noch mit Primärwald bedeckte oft steile Hochlagen und vegetationsfreie, von flächen- und linienhafter Erosion betroffene und mit Feinsedimenten bedeckte, küstennahe Tieflagen aus. Weitere Merkmale, welche das Landschaftsbild prägen, sind die kahlen, von mäßig starker flächenhafter Erosion betroffenen, steinreiche Mittelhänge sowie die großteils mit Sekundärvegetation, in der sich durch Menschen eingeführte, konkurrenzstarke Arten ausbreiten, ausgestatteten Mittel- und Oberhangabschnitte (vgl. BORK 2006, S. 78).

Von besonderer Bedeutung ist der dramatische Landschaftswandel mitsamt seiner Auswirkungen, der sich seit der Entdeckung der Insel durch Kapitän Sebastián Garcia Carreto de Estremadura im Jahr 1574 vollzogen hat. Die ersten Spuren anthropogener Landnutzung sind mit Hilfe der Radiokarbondatierung in einer 45 bis 100 cm unter der heutigen Oberfläche liegenden Schuttdecke, die zahlreiche Holzkohlerückstände und somit Hinweise auf Waldrodungen gegen Ende des 16. Jahrhunderts gibt, zu finden. Nachdem die ersten Siedlungsversuch spanischer Einwanderer im Jahr 1591 erfolglos bleiben, kommt es durch die zahlreich auf der Insel ausgesetzten und sich im 17. und 18. Jahrhundert massenhaft vermehrenden Ziegen, Rinder und Schweine zu gravierenden Landschaftsveränderungen und zur Zerstörung endemischer Pflanzenarten (vgl. BORK 2006, S. 71-73).

Zu einer beachtlichen Veränderung der Inselvegetation trägt auch die Entnahme wertvoller Hölzer im 18. und 19. Jahrhundert bei und löst an einigen Stellen flächenhafte Bodenerosionen und Ablagerung geringmächtiger Kolluvien auf den Mittel- und Unterhängen aus. Das Holz der endemischen Chonta-Palme und das Sandelholz werden bis ins 20. Jahrhundert vorwiegend zum Schiff- und Hüttenbau, als Feuerholz und zur Essstäbchenherstellung für den Export nach China verwendet (ANDERSON et al. 2002, zit. nach BORK 2006, S. 75).

Zu Beginn des 20. Jahrhunderts beginnt durch die Kolonisierung der Insel eine Phase der intensiven Landnutzung. Als anlässlich der Ernennung des Archipels zum Nationalpark durch Chile 1935 einige europäische Kaninchen auf der Robinson-Crusoe-Insel ausgesetzt werden, führt dieses nach der in den vorigen Jahrhunderten stattfindenden unkontrollierten Abholzung der Vegetation zur gänzlichen Zerstörung der küstennahen Wälder, da sich die Kaninchen außerordentlich schnell vermehren und bis 1997 auf über 100 000 Stück anwachsen. Als Folge der durch die Kaninchen abgefressenen den Boden schützenden Kräuter und Gräser und durch die von Pferden und Rindern verdichtet Bodenoberfläche, auf der eine Infiltration des Regenwassers nur noch in sehr geringem Maße möglich war, setzt Bodenerosion ein. Diese löst einen flächenhaften Abtrag des Bodens auf den Unterhängen aus und spült, in einigen Gebieten mehr als 90m$^3$ Boden pro Hektar durch weite Abflussbahnen in den pazifischen Ozean. (vgl. BORK 2006, S. 75-78).

Gegenmaßnahmen, wie die Verbauung von Erosionsschluchten durch Holzdämme bleiben, obwohl eine geringe Sedimentation in den Schluchten erreicht wird, weitestgehend erfolglos, da sie nicht die unmittelbare Ursache des Schluchtenreißens bekämpfen. (CUEVAS & VAN LEERSUM 2001, zit. nach BORK 2006, S. 78). Wegen der geringen Infiltrationsfähigkeit der exponierten Gesteine und des starken Oberflächenabflusses durch Niederschlagsereignisse ist es gegenwärtig nur sehr schwer möglich, die von flächen- und linienhafter Bodenerosion betroffenen Hänge der Robinson-Crusoe-Insel mit bodenschützenden Pflanzenarten dauerhaft vor weiterer Erosion zu sichern (BORK 2006, S. 170).

Die Landschaften der Inseln unterliegen so auch weiterhin stark degradativer Prozesse und der Mensch hat durch die unterschiedlichsten Landnutzungen und Eingriffe, sei es die flächenhafte Rodung der Wälder oder die massenhafte Ziegen- und Kaninchenausbreitung, für eine beträchtlich Veränderung der Landschaften der Robinson-Crusoe-Insel gesorgt (siehe Abb. 4).

**Abb. 4:**
Starke flächen- und linienhafte Bodenerosion auf den nordöstlichen Hängen der Robinson-Crusoe-Insel
(Quelle: BORK 2006, S. 77)

## 4.2 Nachhaltige Bodennutzung

Eine nachhaltige Landschaftsentwicklung und Bodennutzung setzt die Erhaltung der Bodenfunktionen und den Schutz der Böden vor Erosion, Verdichtung, Versalzung, Versauerung und den Verlust organischer Substanzen voraus. Beispiele für einen frühen nachhaltigen Gartenbau sind im zentralen Lössplateau Nordchinas zu finden. Ein weiteres Modell nachhaltiger Landnutzungssysteme bildet zudem der Gartenbau der Rapanui im Palmenwald der Osterinsel.

### 4.2.1 Eine Gartenterrasse im nordchinesischen Lössplateau

Die Landschaften des nordchinesischen Lössplateaus, dem größten Lössgebiet der Erde, das im Verlauf des Quartärs zu einer Fläche von mehr als 500 000 km$^2$ anwuchs und Mächtigkeiten von bis zu 400 m besitzt, gehören dank ihres Kalkreichtums, ihrer Lockerheit und ihrer hohen Anzahl an Poren zu den fruchtbarsten Substraten der Erde (SCHINDLER et al. 2004, zit. nach BORK 2006, S. 26). Aus diesem Grund eignet sich diese Region hervorragend für landwirtschaftlichen Anbau und kann auf eine 8000 Jahre alte Agrarkultur, die bis heute anhält, zurückblicken (LU 1999, zit. nach BORK 2006, S. 26).

In der Kulturlandschaft des heute in großen Teilen zerschnittenen Lössgebietes Nordchinas beginnt vor mehr als 7000 Jahren eine lange und intensive Phase des kontinuierlichen Gartenbaus, nachdem die ersten Bauern die Vegetation auf den Hängen des Plateaus entfernt haben. Dies hat eine flächenhafte Abtragung der mächtigen und fruchtbaren Cambisole zur Folge und es entstehen durch die einsetzende Erosion tiefe Schluchten hangaufwärts. Da auf diese Weise eine enorme Menge des Gartenlandes abgetragen wird und den Ackerbauen verloren geht, entwickeln sie vor etwa 4750 Jahren ein bodenschützendes und somit nachhaltiges Gartenbausystem, dass anhand einer sich von 2750 v. Chr. bis zum Jahr 1958 n. Chr. entwickelnden Ackerterrasse (siehe Abb. 5) dargestellt werden soll (vgl. BORK 2006, S. 168).

**Abb. 5:**
Ackerterrasse am Zhongzuimao
(Quelle: BORK 2006, S. 27)

Das von Hans-Rudolf Bork, Christiane Dahlke und Yong Li untersuchte Gebiet Yangjuangou befindet sich in der Provinz Shaanxi am steilen Südhang eines Riedels mit dem Namen Zhongzuimao (36° 42' 6" N und 109° 31' 17" O). Die Forschungen ergeben, dass vor etwa fünf Jahrtausenden im Untersuchungsgebiet eine kleine Siedlung errichtet und in unmittelbarer Nachbarschaft Gartenbau betrieben wird. Nachdem über etliche Jahre starke Bodenerosion zu Bodenverlusten führt, verkleinern die Bauern ihre Parzellen und legen am unteren Gartenrand eine teils mit Gräsern und Kräutern bewachsene, höhenlinienparallele Furche an. Diese dient zur Versickerung des Abflusses und soll die weitere Abtragung des Bodens verhindern. Im Laufe einiger Jahrzehnte entwickeln sich durch die permanente Ablagerung der im Abfluss mitgeführten Schwebstoffe am unteren Gartenrand eine Ackerterrasse mit einer Höhe von 1,8 m und einer Breite von 27 m (vgl. BORK 2006, S. 26-28).

Als im Jahr 2750 v. Chr., infolge eines Starkniederschlags, eine 1,5 m tiefe und 2 m breite Schlucht die Gartenterrasse zerstört, verfüllen die Bauern den entstandenen Hohlraum mit kalkhaltigem Löss aus dem nahen Umfeld. Nachdem in den folgenden Jahren zwei weitere kleine Schluchten in der Terrasse eingerissen und erneut verfüllt werden, gelingt es den Bauern eine linienhafte Bodenerosion durch bodenschonende Bewirtschaftung und kleinteilige Feldeinteilung völlig zu verhindern. Bis in die 1950er Jahre ermöglicht die Ackerterrasse, die durch geringfügige flächenhafte Bodenerosion am Oberhang auf eine Breite von über 80 m angewachsen ist, eine nachhaltige gartenbauliche Nutzung (vgl. BORK 2006, S. 168).

Als im Jahr 1958 die Rahmenbedingungen der Landwirtschaft durch Mao Zedongs Kampagne des „Großen Sprungs nach vorn" radikal umgeformt werden, da die ursprünglichen Feldfruchtfolgen teilweise verboten und die Bodenbearbeitungen verändert werden, führt dies zu einer Beendigung des nachhaltigen Gartenbaus. Der enorme Anstieg der Bodenerosionsraten steigert sich von wenigen Tonnen pro Hektar auf durchschnittliche 200 Tonnen pro Hektar und Jahr und übertrifft die Raten der nachhaltigen Landnutzung um das 24fache (vgl. BORK 2006, S. 168).

## 4.2.2 Der Gartenbau der Rapanui auf der Osterinsel

Ein weiteres Beispiel für eine nachhaltige Bodennutzung ist ein von polynesischen Siedlern entwickeltes Gartenbausystem, welches vor über tausend Jahren im Palmenwald der Osterinsel praktiziert wird (siehe Abb. 6, linker Teil). Dieser Palmenwald bildet für die Bevölkerung der Osterinsel über mehrere Jahrhunderte einen wichtigen Lebens- und Schutzraum. Die in ihm integrierten Kulturfrüchte wie Taro, Yams, Zuckerrohr, Bananen und andere Kulturpflanzen profitieren sowohl von den klimatischen Vorzügen des Waldes als auch vom Kronendach der Palmen, welches den empfindlichen Pflanzen Schutz vor starker Sonneneinstrahlung, Austrocknung und Bodenerosion sowie vor heftigem Wind und auftretenden Starkniederschlägen gewähren. Des Weiteren führt, trotz intensiver Bearbeitung der Böden, die Einarbeitung von Pflanzenresten in den Boden zur organischen Düngung und Erhöhung der Humusgehalte der Pflanzschichten. Durch das Einsetzen von Pflanzstöcken kann eine Beschädigung der Palmwurzeln vermieden werden. Eine verträgliche Koexistenz zwischen dem Wald und dem frühen Gartenbaues ist somit gegeben (vgl. BORK 2006, S. 85-88, S. 168).

Diese Phase der nachhaltigen Landnutzung auf der Osterinsel ist jedoch nicht von langer Dauer, da sie bereits einige Jahrhunderte später durch die flächenhafte Rodung des Palmenwaldes und das Abbrennen der in ihm integrierten Vegetation beendet wird (siehe Abb. 6, mittlerer Teil). Dieser über mehrere Jahrhunderte andauernde Rodungsprozess, dem mehr als 16 Millionen Palmen zum Opfer fallen, führt anlässlich vieler starker Niederschlagsereignisse besonders im Osten und Südwesten der Insel, zu schweren Erosionen des fruchtbaren Oberbodens einschließlich der humusreichen Kulturpflanzlöcher. Die Gründe für ein solches Ausmaß der Palmenrodung sind zum einem mit dem erhöhten Bedarf an Feuerholz ab dem 13. Jahrhundert und zum anderen mit der Gewinnung des nahrhaften und zuckerreichen Saftes aus den Palmenstämmen, der das minderwertige, eisenreiche und meersalzbelastete Süßwasser ersetzt, zu erklären (BORK & MIETH 2003, zit. nach BORK 2006, S. 89). Nachdem eine gartenbauliche Nutzung im nun palmenfreien Land eingestellt wird, besteht die Vegetation der Erdoberfläche größtenteils aus Gräsern und Kräutern (vgl. BORK 2006, S. 88-91, S. 168).

Zu Beginn des 20. Jahrhunderts führen eine intensive Beweidung der Landschaft durch Schafe sowie jährliche Brände zu einer Degradation der Gras- und Kräutervegetation und lösen besonders auf der Poike-Halbinsel schwere Bodenerosionen aus (siehe Abb. 6, rechter Teil). Heute werden weite Gegenden des Landschaftsbildes der Osterinsel, das sich zur Zeit der polynesischen Entdeckung noch durch einen dichten Palmenwald auszeichnet, durch Grasland und Erosion, welche besonders die lockeren Boden- und Gesteinsreste an den Hängen nahezu vollständig abgetragen hat, geprägt (vgl. BORK 2006, S. 168).

**Abb. 6:**
Schema der Entwicklung von Vegetation, Landnutzung und Relief in den vergangenen 1200 Jahren im Osten der Osterinsel
(Quelle: BORK 2006, S. 169)

## 6. Schlussbetrachtungen

Menschen bestimmen seit jeher nicht nur die in dieser Ausarbeitung aufgezeigten Landschaften, sondern auf der ganzen Welt sind Gebiete, die durch menschliche Einflussnahme verändert oder sogar zerstört wurden, zu finden. Dabei variiert der genaue Zeitpunkt des beginnenden anthropogenen Einflusses auf die einzelnen Landschaften sehr stark und lässt sich vielfach nicht genau festlegen. So sind nach Hans-Rudolf Borks Auffassung in der Umgebung von Jerusalem Landschaftsbereiche entdeckt worden, die menschliche Einflüsse vor mehr als 100.000 Jahren aufweisen. An anderen Orten, wie dem Westsibirischen Tiefeland, beginnen diese erst vor einigen Jahrzehnten. Es steht jedoch außer Frage, dass seit dem Wandel des Menschen vom Jäger und Sammler zum wirtschaftlichen Erzeuger und damit dem Beginn der intensiven Landnutzung und der ersten Einflussnahme des Menschen auf die Vegetation, besonders durch die Einführung des Acker- und Gartenbaus sowie der verstärkten Waldnutzung die Prozesse der Bodenbildung und Bodenzerstörung erheblich verändert wurden.

Das Ausmaß für solch auftretende Landschaftsveränderungen und Landschaftszerstörungen sind vielfach von der Art der Landnutzungssysteme und der Intensität der Landnutzung abhängig. So führt eine übermäßige landwirtschaftliche Nutzung, insbesondere in ariden und semiariden Klimaten häufig zu Auslaugung, Auswaschung und Abtragung der fruchtbaren Bodenschichten, sodass nicht nur der Wüstenbildung, sondern auch der Bildung von Ödland Vorschub geleistet wird. Wirklich nachhaltige Landnutzungssysteme, wie beispielsweise der bodenschonende Gartenbau der ersten polynesischen Bauern auf der Osterinsel vor 1300 Jahren sind dagegen eher selten. Die meisten Gebiete der Erde zeigen, dass veränderte Nutzungssysteme und Nutzungsintensitäten durch Landnahme, Kolonisierung, Expansion und Technisierung zu einer Erhöhung der Bodenerosionsraten führen.

Der enorme Anstieg der Bodendegradationen, gerade in den vergangenen Jahrzehnten, hat seine Ursache nicht, wie es fälschlicherweise oftmals behauptet wird, in einem häufigerem Auftreten von Starkniederschlägen, Stürmen und Schneeschmelzen, sondern ist das Ergebnis der von Menschen geschaffenen ungünstigen Vegetations- und Landschaftsstrukturen.

Die Bedeutung natürlicher Prozesse wird in der Öffentlichkeit leider häufig überbewertet und die Folgen und Auswirkungen von Bodenerosionen oft unterbewertet. Ein Grund für diesen kaum wahrgenommenen Prozess des Bodenabtrages ist, dass dieser, mit Ausnahme von Extremereignissen, über längere Zeit kaum erkennbare Spuren aufweist. Da der Großteil des abgetragenen Materials sich vorerst auf den Unterhängen und in den Auen ablagert, wird der vor Jahrtausenden begonnene übermäßige Verlust der Böden unserer Erde und somit auftretende Landschaftszerstörungen vielfach unterschätzt und Schutzmaßnamen bleiben häufig erfolglos, da sie zu spät ergriffen werden.

# 7. Literaturverzeichnis:

- ANDERSON, A., HABERLE, S., ROJAS, G., SEELENFREUND, A., SMITH, I. & WORTHY, T. (2002): An archaeological exploration of Robinson Crusoe Island, Juan Fernandez Archipelago, Chile. – in: Bedford, S., Sand, C. & Burley, D. (Hrsg.): Fifty Years in the field. Essays in honour and celebration of Richard Shutler Jr`s archaeological career. New Zealand Archaeological Asociation Monograph No. 25. Auckland, S. 239-249.

- BORK, H.-R. (2006): Landschaften der Erde unter dem Einfluss des Menschen. Darmstadt.

- BORK, H.-R., BORK, H., DALCHOW, C., FAUST, B., PIORR, H.-P. & SCHATZ, T. (1998): Landschaftsentwicklung in Mitteleuropa - Wirkungen des Menschen auf Landschaften. Gotha, Stuttgart.

- CUEVAS, J. & VAN LEERSUM, G. (2001): Project Conservation, Restoration and Development of the Juan Fernandez Islands, Chile. Revista Chilena de Historia Natural, 74/4, S. 899-910.

- GELDMACHER, K. (2002): Landschaftsentwicklung und Landnutzungswandel im Pazifischen Nordwesten der USA seit 1850. Dissertation Mathem.- Naturwiss. Fakultät der Universität Potsdam. Potsdam.

- KÜSTER, H. (1995): Geschichte der Landschaft in Europa – Von der Eiszeit bis zur Gegenwart. München.

- LANG, A. (1996): Die Infrarot-Stimulierte Lumineszenz als Datierungsmethode für holozäne Lössderivate. Ein Beitrag zur Chronometrie kolluvialer, alluvialer und limnischer Sedimente in Südwestdeutschland. Heidelberger Geogr. Arbeiten, 103. Hamburg.

- LU, T.L.D. (1999): The Transition from foraging to farming and the origin of agriculture in China. Oxford.

- MIETH, A. & BORK H.-R. (2003a): Diminution and degradation of environmental resources by prehistoric land use on Poike peninsula, Easter Island. Rapa Nui Journal, 17 (1), S. 34-41.

- MIETH, A. & BORK, H.-R. (2003b): Land degradation on Easter Island, southern Pacific. – in: Li, Y., Poesen, J. & Zhang, J. (Hrsg.): Gully erosion under global change. Sichuan Science and Technology Press, Chengdu, S. 185-199.

- RICHTER, G. (1998): Bodenerosion – Analyse und Bilanz eines Umweltproblems. Darmstadt.
- SCHINDLER, U., LI, Y. & FUNK, R. (2004): Soil properties and soil water conditions in the Yangjuangou catchment of the Chinese Loess Plateau. Archives of Agronomy and Soil Science, 50, S. 467-476.